|万物的秘密 **自然**|

电的环形跑道

〔法〕米夏尔·弗兰科尼 著

〔法〕杰罗姆·佩拉 绘

苏迪 译

人民文学出版社

PEOPLE'S LITERATURE PUBLISHING HOUSE

电并非由我们"创造"。
有油矿、气矿、金矿、煤矿、铀矿，
但没有电矿。

它们看不见，闻不到，摸不着，
却藏在各种物质当中。
打雷时，它们爆发出巨响，释放出光亮。
千百年来，唯独此刻，
我们能够见到它们的真容。

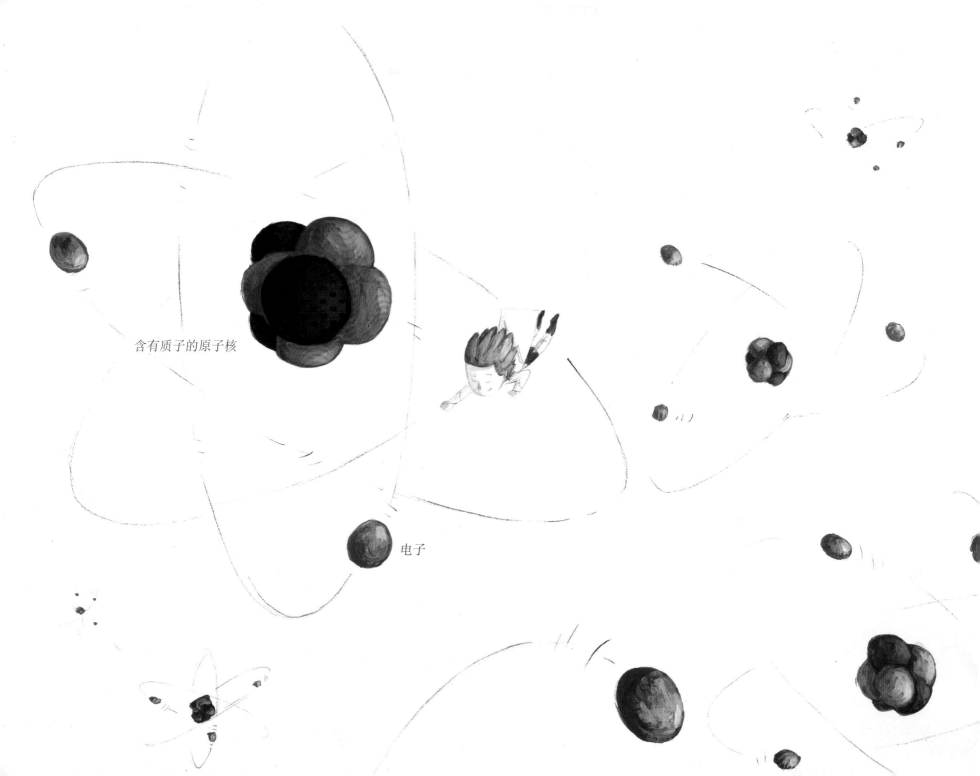

含有质子的原子核

电子

经过数百年不懈的研究，我们终于搞懂了电。

每种物质都由无数原子组成。

每一个原子又由含有质子的原子核和围绕原子核的电子构成。

如果电子的数量与原子核里的质子数量一致，就不会有电。

然而有时，一些电子脱离了自己的原子，

转而围绕其他原子的原子核。

电子因此发生转移，

电便产生了。

我们将电子聚集多的一端称为"负极"，
将另一端称为"正极"。
持续的电流，就是电子由少的这端跑到多的那端形成的一条环形通路。

在一些材料中，电流容易通过：水和金属（所以称为"导体"）。
在另一些材料中，电流不容易通过：木头、混凝土和塑料（所以称为"绝缘体"）。
电流能够产生光和热。

我们已学会用金属导线传输电。
电的用途十分广泛。
过去，是无电时代，
现在，是有电时代。

身处这一时代，
如果某一天完全不能用电，
那将是一场灾难：

醒来时，
仍旧是黑夜，
我们无法开灯。
起床后，我们会撞墙，
会踩到狗尾巴，
或者尖锐的玩具……
哎哟！烦恼才刚刚开始……

电是一种二次能源，
因为它们需要通过其他能源转化。

我们无法离开的一次能源如下：
煤炭、石油、天然气。

要发电就必须转动巨大的桨片和转轮，
通常我们借助水或蒸汽的力量。
由此产生的机械能量会驱动
一种布满铜片的交流发电机。
电子在铜片中移动，最终制造出电流。

推动转轮的力量有很多种，
通常，我们借助水力和火力。

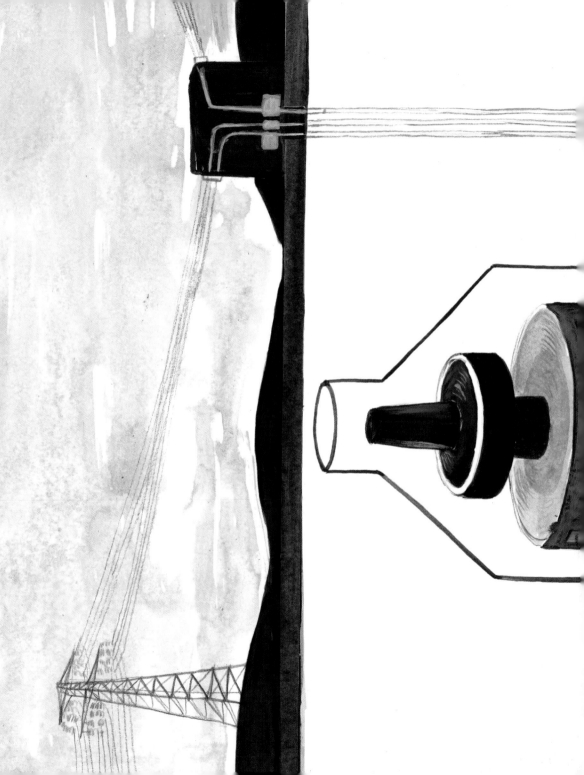

在水力发电站，
是将水的能量转为电。
当水流推动转轮时，
水流必须具有极快的速度和极大的力量，
所以我们会让水通过粗大的水管，
并依靠山的坡度，让水从高处流下，有力地冲击转轮。

如果坡度不够，就得兴建水坝，制造坡度。
但水坝会改变地貌，破坏水生动物的生存环境。

在火电站，
是依靠水蒸气推动转轮。
因此我们必须先将水烧开。
为了达到必要温度，
火电站会燃烧煤、石油和天然气。

这样就会排放二氧化碳，
以及其他加剧温室效应的气体。

温室效应本身无害。如果没有温室效应，
地球的平均气温将从现在的十五摄氏度降至零下十八摄氏度。
大气中原本存在的二氧化碳和其他气体如同一个温室，
留住了阳光的部分热量。

问题是，
人类制造的气体迅速加剧了这一效应。
气温因此骤然升高，
显著影响了生物的生存环境。

在核电站，
同样使用水蒸气发电。
利用放射性金属的特性——主要是铀和钍——
在核反应堆中发生原子核碎裂（裂变）时会释放高热量的特性，制造水蒸气。

核电站非常高效。可是一旦发生事故，
后果将不堪设想。
此外，核电站的废料并不容易处理。

"电精灵"法力无边。

为了获得她，用以实现我们的所有愿望，我们甘愿冒险。

因此，人们开始思索其他发电方式。

我们想到了风车。

人们曾经利用风车，推动磨盘研磨小麦。

如今的风车成了风力发电机。

只是，风力发电很受限制，

毕竟何时何地出现风，全凭风的意愿。

我们同样将目光转向了太阳。
无需转轮、水、燃料，
光伏板能够直接获取阳光。

在太阳光的作用下，
粒子开始在这些蓝色平板内部活动。
我们在开阔的空地上铺一块有斜面的光伏板，
便能建成一座太阳能发电厂。

任何一种自然界的能源，
我们都可以研究能否将它转化成电力。
在潮汐发电厂，
我们利用潮汐推动转轮。

浪潮的力量也可以利用，这是一种不错的备选能源。
只是我们才刚开始研究——
制造了一些形如金枪鱼尾的浪潮发电机！

电刚从发电厂输出时，电压很高，
我们无法直接使用。
必须逐步缩小输电导线的尺寸来降低电压，
从粗大的高压电缆，到家家户户使用的普通电线，
并为它们规划路线，
才能使手机充电，或者电灯亮起。

这就形成了电网，非常复杂。

电路通畅，启动；电路断开，关闭。使用电器很麻烦。

为了操作方便，我们安装了开关。

只需按一下，

我们就能关掉电灯或其他家电。

我们有时会粗心或懒惰，
所以可以安装感应器。
一旦感应到人离开了房间，
电灯就会自动关闭。

我们也可以安装越来越先进的电表，
了解我们的实际用电量。

现在，我们还可以在家里安装一些特殊装置，
随时远程监控所有家电的准确用电量。
当然，我们也有专供城市和工厂使用的大型电表。

由于目前的发电方式都有污染，
所以我们应该更多地去品味夜晚的黑暗、不同季节的温度，
尝试与朋友面对面聊天、在月光下散步和思考……
那些都是可再生的自然能源！

电的环形跑道

古希腊人通过摩擦琥珀观察静电。学生们大多尝试过使劲摩擦塑料尺制造静电，吸引纸屑。公元前六世纪，米利都的泰勒斯首先对这一自然现象进行了描述。在希腊语中，琥珀被叫作"electricus"，正是英语中"电"（electricity）的词源。

两千年后，我们终于弄懂了电的原理，于是一些新的词汇进入了我们的生活，比如瓦特、伏特、安培，这些人名成了我们的常用词：詹姆斯·瓦特（1736—1819）是一位英国工程师，亚历山德罗·伏特（1745—1827）是意大利人，安德烈-玛丽·安培（1775—1836）是法国人。

很快，电就成了人类社会不可或缺的一部分。但由于电的自然属性特殊，想要"制服"它们并不容易：我们无法大规模储存电流，必须不停地使用转轮发电。唯有建造高功率、高污染的发电厂，才能满足当代生活的用电需求。当然，我们可以建造太阳能或者风能发电站，这更环保，但它们无法稳定供电，只能作为主电网的补充。

因此，我们必须首先测算我们的需求，以便更合理地发电。目前已有一些令人欣喜的改变：使用一系列插座，或者安装传感器，使电器自动断电。这些设备很容易和电网连接，使用非常方便，能够很好地控制家电的用电量。现在，有些数据还能发布到某些信息化的网络平台上，方便人们随时查询数据，远程监控家电的用电量。

主电网也可以通过这些信息算出峰值用电量。这些数据很有用：我们可以更好地进行"选择性"发电，并让电器发挥更大的作用。这类节电设备不仅涉及各个家庭，还会用于工厂和公共照明。我们称之为"智能电网"，也就是说，城市将会因此变得"富有智慧"。这类设备也会不断地进入其他领域：水处理、运输……在需要优化用电方案的时候。

诚然，信息技术和通讯技术可以繁荣我们的经济，但它们也非常依赖电力。如何通过改变自己的生活方式来摆脱对于电力的过分依赖？这将是人类必须面对的一个敏感课题。

著作权合同登记：图字 01-2019-5210 号

Michel Francesconi, illustrated by Jérôme Peyrat

Circuits électriques

©Les Editions du Ricochet, 2015
Simplified Chinese copyright © Shanghai 99 Readers' Culture Co., Ltd. 2019
ALL RIGHTS RESERVED

图书在版编目 (CIP) 数据

电的环形跑道 /（法）米夏尔·弗兰科尼著；（法）
杰罗姆·佩拉绘；苏迪译. -- 北京：人民文学出版社，
2020（2023.2重印）
（万物的秘密. 自然）
ISBN 978-7-02-015589-7

Ⅰ.①电… Ⅱ.①米… ②杰… ③苏… Ⅲ.①电学 –
儿童读物 Ⅳ.① O441.1-49

中国版本图书馆 CIP 数据核字 (2019) 第 171575 号

责任编辑　朱卫净　杨　芹
装帧设计　高静芳

出版发行　人民文学出版社
社　　址　北京市朝内大街 166 号
邮政编码　100705
印　　制　宁波市大港印务有限公司
经　　销　全国新华书店等
字　　数　3 千字
开　　本　850毫米×1168 毫米　1/16
印　　张　2.5
版　　次　2020 年 5 月北京第 1 版
印　　次　2023 年 2 月第 2 次印刷
书　　号　978-7-02-015589-7
定　　价　35.00 元

如有印装质量问题，请与本社图书销售中心调换。电话：010-65233595

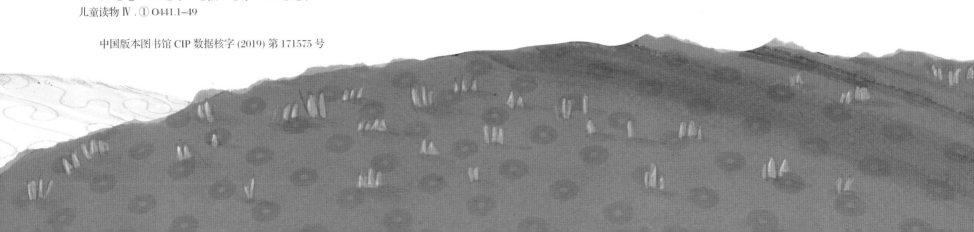

为孩子们的心中播下一颗**够文艺、够浪漫、够多情**的科学种子

科学唯美图画书 · 探索万物的秘密

生命

自然